U0318794

蓝鹦鹉格鲁比
科普故事

地球病了

〔瑞士〕丹尼尔·穆勒　绘　　〔瑞士〕利兹·萨特　著

高　畅　译

中国水利水电出版社
www.waterpub.com.cn

·北京·

内 容 提 要

本书是《蓝鹦鹉格鲁比科普故事》中的一本，是一本以环境保护、能源节约为主题的少儿科普读物。全书以格鲁比与朋友的一次出游为线索，在趣味横生的故事中，融入相关的科学知识，比如出游时选择什么交通工具好？为什么要少开汽车？在旅游景点该怎样保护环境？在日常生活中怎样节约能源……在对这些问题的探讨中，格鲁比欣喜地发现，善待地球不仅比他想象得要容易，还充满了乐趣，而且的确也帮助到了地球。本书图文并茂，故事生动有趣，科普知识不生硬，相信小读者们会在愉快的阅读中获得收益。

图书在版编目（CIP）数据

地球病了 / （瑞士）利兹·萨特著 ；（瑞士）丹尼尔·穆勒绘 ；高畅译. -- 北京 ： 中国水利水电出版社，2022.3
（蓝鹦鹉格鲁比科普故事）
ISBN 978-7-5226-0360-5

Ⅰ．①地… Ⅱ．①利… ②丹… ③高… Ⅲ．①环境保护—少儿读物 Ⅳ．①X-49

中国版本图书馆CIP数据核字（2022）第000674号

Globi und der Planet Erde – Über den schlauen Umgang mit unserer Umwelt
Illustrator: Daniel Müller /Author: Liz Sutter

Globi Verlag, Imprint Orell Füssli Verlag,
www.globi.ch
© 2015, Orell Füssli AG, Zürich
All rights reserved.

北京市版权局著作权合同登记号：图字 01-2021-7102

书　　　名	蓝鹦鹉格鲁比科普故事——地球病了 LAN YINGWU GELUBI KEPU GUSHI —DIQIU BING LE
作　　　者	〔瑞士〕利兹·萨特 著　　高畅 译
绘　　　者	〔瑞士〕丹尼尔·穆勒 绘
出 版 发 行	中国水利水电出版社 （北京市海淀区玉渊潭南路1号D座　100038） 网址：www.waterpub.com.cn E-mail：sales@waterpub.com.cn 电话：（010）68367658（营销中心）
经　　　售	北京科水图书销售中心（零售） 电话：（010）88383994、63202643、68545874 全国各地新华书店和相关出版物销售网点
排　　　版	北京水利万物传媒有限公司
印　　　刷	天津图文方嘉印刷有限公司
规　　　格	180mm×260mm　16开本　5.75印张　91千字
版　　　次	2022年3月第1版　2022年3月第1次印刷
定　　　价	58.00元

前 言

亲爱的小朋友们、读者们：

你们听说过从粪肥里可以制造出代替石油的东西吗？还有，你们知道吗，当我们在商场买到一件 T 恤之前，这件 T 恤可能已经完成了一次环球旅行。

打开这本书，你将会找到这些以及更多问题的答案。这本书告诉我们，我们应该谨慎地利用环境资源——也就是说人们要做到"可持续地生活"，我们的后代也会因此受益，由此也会对我们心存感激。

作为一名在户外参与定向越野赛跑的运动员，我热爱自然，时常感觉自己与自然融为一体。我的另一个身份是生物学家，人类、地球上其他生物与自然之间的联系令我十分着迷。

和本书中的母亲卡特琳一样，我也在试图让我的孩子们懂得，他们应该怎样保护自然资源。我们要懂得爱护植物和动物，节省电力和石油，不随意丢弃可循环利用的资源等。

格鲁比探索了很多保护地球的方法和活动。在他和他的朋友的陪伴下，你们将会了解到很多有关自然以及如何与自然和谐相处的知识。打开本书，跟着格鲁比一起去探索并行动吧！

也希望你们可以从格鲁比有趣且有启发性的应对办法里获得乐趣。

西蒙妮·尼格莉·卢德
第二十三届世界定向越野赛冠军
瑞士生物视讯办公室代表

目录

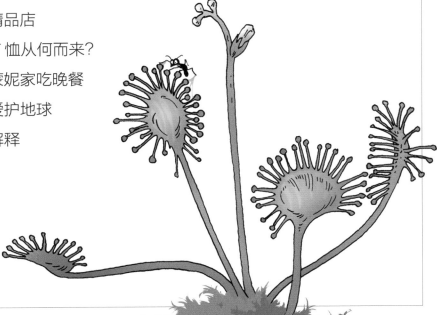

地球的哭诉

格鲁比正准备享用五颜六色的沙拉时，门铃响了。"谁会在这个时候来呢？"格鲁比自语道。

"蓝色星球！"他惊呼。一见到来客，格鲁比激动不已。"真的是你啊！快进来吧！"地球在门槛前踉跄了一下，呻吟道："我感觉不太舒服。你能帮帮我吗？毕竟你也是蓝色的。"格鲁比听到这话吃了一惊，"那么，呃，我是说，你这是怎么了？"他将地球扶到了客厅里。

地球气喘吁吁地倒在了一张扶手椅上，它深吸了一口气说："你知道的，我养育的人类数量超过了 75 亿！我真的很喜欢他们，尤其是孩子们……"

"哦，是的！"格鲁比喊道，"我也喜欢孩子们！"

"但是，"地球继续说道，"一百多年以来，人类一直在做伤害我的事情。"

　　它指着自己的身体说："我觉得这儿很痒！这儿着起了火！还有这儿，简直太臭了！"

　　"我明白了！"格鲁比说，"你认为人类对你不好。"

　　"不只是对我，对我的水、我的植物和动物又何尝不是呢？人类的所作所为对他们自己来说更是有百害而无一利。"

　　"他们不是故意这样的，"格鲁比为人类辩解道，"他们只是不懂的东西太多了，或者说还没考虑到这个问题。"

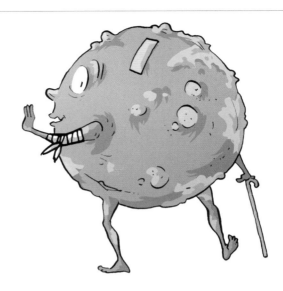

地球一边艰难地起身，一边说道："也许你可以适当地提醒一下他们呢，亲爱的格鲁比。"又说道，"你知道吗，我本可以承载和供养更多人类的。不过人类一定得帮我才行。"

"地球来拜访了格鲁比！没有人会相信吧。"格鲁比陷入了思考之中，"还是不要告诉别人好了。从现在开始，做任何事情之前我都应该考虑地球的承受范围，不做伤害它的事情。后天去远足，到时我要让我的朋友们跟我一起加入保护地球的行动！"

参与保护地球行动需要了解一个特别的词：

可持续

坐火车还是自驾？

今天是出游日。格鲁比和西蒙妮坐上了火车。格鲁比的邻居卡特琳和她的两个儿子也在车上，小蒂姆期待着一睹即将路过的城堡，他的哥哥托比亚斯则在心里默默许愿，希望一会儿不会徒步太久。展现在他们面前的是一张地图，格鲁比正在给大家说明将要换乘的地点和徒步旅行的路线。

"这要花很长的时间！"西蒙妮说，"我们开车去那里的话会快很多！"

"还是一起坐火车出游更有意思吧。"格鲁比说。"反正我是一坐汽车就难受！"蒂姆大声说。但托比亚斯觉得："我们本来就没有汽车啊！所以我总是要走路去上学！"

"这样至少可以保证你到学校的时候是

清醒的，"他的妈妈说，"而且你还可以在路上遇到你的好朋友们。"卡特琳是一名老师，她相信迈开步子会使大脑更灵活，她觉得西蒙妮骑自行车上学就很好。"你明年也可以试试。"她对托比亚斯说。 托比亚斯想起了校舍所在的那座小山，他不知道自己是否能应付得了。

此时蒂姆正在和格鲁比玩"黄色汽车"的游戏。 这个游戏十分简单：谁第一个看到了黄色汽车，谁就大喊："快递到了！"西蒙妮想玩平板电脑，但卡特琳知道可以吸引西蒙妮一起玩的更有趣的游戏：奇特的"故事接龙"，这个游戏让每个人都如此着迷，以至于他们差点儿就忘了要在格林菲尔德下车。

格林菲尔德火车站格外冷清，像是睡着了一样。"我们的火车现在应该到站了才对啊，"格鲁比吃惊地说道。这时，西蒙妮看到通知栏上有一张便条，上面写着：

由于轨道施工，本段铁路暂时关闭，换乘旅客可以选择公交出行。

下一班公交 40 分钟之后才会出发。"如果我不一味照着书本安排行程，再在网上看看相关信息就好了。"格鲁比说。

列车暂停服务
请不要上车
3

"你看吧，我们就应该开车来。"西蒙妮数落道。卡特琳想与人拼车，但是在这样的小车站里并没有这种服务。托比亚斯说："也许我们可以搭顺风车。"

幸运的事情发生了，一辆校车正好停在了他们面前，司机邀请他们上车。"现在你们不也喜欢汽车了吗！"西蒙妮得意地说。"是啊，"卡特琳同意道，"在乡下出行时，没有汽车的话是很不便利的。"

"巧了，"司机说，"通常在这个时间我应该已经回去了，今天因为要给车加油，才会在这里遇见你们。""你们看到了吗？"格鲁比大声说，"这辆车用沼气做燃料，比如用牛粪就可以。"

纳戈尔弗雷德堡：
1 小时 40 分钟

斯代尔岑赫德：20 分钟
卡纳霍夫：50 分钟

这个发现让蒂姆和托比亚斯很感兴趣，他们开始猜测，哪种车需要消耗多少牛粪或者蔬菜废料。"一辆加长豪华轿车耗油最多。""一辆什么？"蒂姆问，他对所有事物都感到十分好奇，以至于虽然坐上了他不喜欢的汽车，但一点儿也不觉得难受。他们很快就到了布吕梅尔芬根，并在那里找到了黄色的徒步指示牌。

为什么人们应该少开车？

卡特琳认为，少开车有很多好处。首先，人们可以享受乘车旅途中的快乐时光。她知道一些很适合长途旅行时一起玩的趣味小游戏。

三重奏

每个人说出三个在旅途中发现的事物，格鲁比第一个开始："工厂，钟楼，斑马。"下一个人只要找到其中一件事物就可以。这时蒂姆指着车窗外一闪而过的高楼大声喊："工厂！"现在轮到蒂姆说出三个事物了："足球，火车站，雨伞！"

故事接龙

卡特琳以这样的故事开头："伊芙琳突然惊醒了。她在做梦吗？还是那里有什么声音？她壮着胆子下了床……"西蒙妮接龙，续讲这个故事："不幸的是床头灯坏掉了，伊芙琳不得不在黑暗中摸索卧室灯的开关。这时，她踩到了一个软绵绵的东西……"现在轮到格鲁比了，他将如何接这个故事？

大家一个接一个玩这个游戏。游戏的顺序也可以改成由前一个人来决定接下来续讲的那个人是谁。但是千万要小心哦，别暴露了自己内心的人选！这个游戏也有进阶玩法，例如，任何句子都不能以"然后"开头。

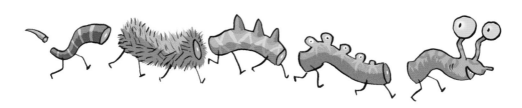

少开车有什么好处?

西蒙妮:"因为很难找到停车位。"

格鲁比:"因为汽车会排放尾气。汽车生产和处理的过程中也会消耗原材料和能源。"

蒂姆:"因为坐火车更方便人们聚在一起玩。"

卡特琳:"因为步行或骑自行车可以让人变得更苗条、健康,而把所有花销都算上的话,负担一辆汽车是很昂贵的。"

托比亚斯:"如果汽车少了,噪声就会少,交通事故也会少,因此死亡的动物也会少。"

你对此有什么看法呢?

最节能的汽车——燃料电池汽车

随着环境问题和能源问题的日益突出，新能源汽车成为了世界各国大汽车厂商及研发机构的研究热点。其中，燃料电池汽车（FCV）以其高效率和近零排放被普遍认为具有广阔的发展前景。

燃料电池汽车也是电动汽车，只不过"电池"是氢氧混合燃料电池。这种汽车利用车载燃料电池装置产生的电力作为动力，实现了零排放或近似零排放。

油箱里有什么

并不是所有的汽车都消耗汽油或柴油。有的汽车通过电动机或燃烧天然气提供动力。此外，还有用沼气或复合气体作为燃料的，这种气体是从发酵的果蔬废料、圈肥和粪便（粪肥）里产生的，可以有效减少有害废气的排放。

生物乙醇燃料也比传统汽油要清洁，不过也有缺点。生物乙醇是从像玉米或甘蔗这类植物中提取出来的，也就是说，这些植物最终都会进入油箱而不是摆在餐桌上供人享用。但事实上，将种植这些燃料作物的土地用来种植粮食作物的话可能会更好。

共享汽车

邻里间拼车

安妮、佩德罗、塔尼娅和本每天开车从格林菲尔德到布胡灵根上班，后来塔尼娅发现他们可以一起坐一辆车，这不仅更加环保，而且还更便宜。此外，汽车少了的话，它们在街道上和停车场里所占的空间也少了。从那以后，他们四个人共用一辆车，并且每个人都能从中受益。

租用共享汽车

卡特琳在租车软件"共享汽车"上注册了账号。她可以在国内超过 1300 个地方预约汽车，上车就可以开走。她一个人的时候会选择最小的汽车。全家人在一起时，他们会租一辆中型车，如果要运驴……或者，运沙发的话，就租一辆小货车。就这么简单。

步行巴士

小朋友们通常是乘坐什么交通工具去上学呢？如果学校离家不远，那就需要"步行巴士"登场了。这辆巴士没有发动机，但它拥有很多孩子的脚。巴士司机是一名成年人，他将护送小巴士，帮助它安全通过所有的十字路口。

谜语：什么车没有人想让它消失？

格鲁比认为："有些车对每个人都很重要。"他想到的是什么车呢？在一张纸上写下你所想到的交通工具。将书翻转过来，你就能找到一些例子。

答案：婴儿车、救护车、消防车、垃圾车、电瓶车、校车、公共汽车、邮政车。

爱护自然保护区的一草一木

蒂姆对徒步小径周边的自然环境不感兴趣，他只惦记着城堡，他开始向格鲁比打听："城堡叫什么名字啊？里面还有人住吗？"

"它叫花岗岩，建造这座城堡的骑士们也像这个名字一样坚忍。至于有没有人住在那儿，这个我还真不清楚……"格鲁比没有再说更多。"你们发现了吗？我们现在到了一个自然保护区里。"卡特琳说。

这是一片风景优美的沼泽地，旁边还有一条小河在茂盛的草地和五颜六色的花朵之间蜿蜒穿行。西蒙妮发现一种开着紫色花朵的植物，闻起来有种薄荷的香味。每个人都过去闻了闻。

突然卡特琳问："蒂姆到哪里去了？！"他们环顾四周，呼喊他的名字，但是还是不见他的踪影。卡特琳开始担心起来，这时托比亚斯激动地喊道："前面那不是他吗，他和一个男人朝我们走过来了呢！"

"那是个警察吗？"西蒙妮问。"也许是一个探险家。"托比亚斯猜测。"他也可能是自然保护区的护林员。"格鲁比想。

　　果然他是一位护林员，他的名字叫尼克。他是在自然隔离区发现蒂姆的。园区不允许人们进入那里，否则会惊扰到动物。"那些飞到前面的鸟是椋鸟，"尼克解释说。"那这是什么花啊？"西蒙妮想要了解这种植物。"这是水薄荷。"

　　尼克对这里太熟悉了，因此当得知尼克还可以陪他们再走一段路的时候，格鲁比、卡特琳和她的孩子们都很开心。尼克告诉他们大草鸟不是鸟，而是一种蝴蝶的名字。

　　他还给他们看毛毡苔，那是一种以昆虫为食的食肉植物。

　　不久他们到了一片树林，大家发现托比亚斯对大多数树木的名字如数家珍："云杉、松树、绒毛桦树。"

　　"你都是从哪里知道这么多的？"西蒙妮惊讶地问。"我只是课上认真听讲罢了，"托比亚斯用轻松的语气补充说，"我甚至知道哪种木材可以买，哪种不值得买。我很喜欢做木工。"

　　"那这也是你雕刻的？"西蒙妮指着白桦树皮上被人划出的心形图案问托比亚斯，"当然不是我了，"托比亚斯反驳说，"我知道这样做是不对的，是不是啊，尼克？"护林员尼克点了点头，说道："我们要爱护自然保护区里的一草一木。"

　　"我们到底什么时候出发啊？"蒂姆不耐烦地催促着。

大自然的承受力

在自然保护区要注意保护环境

"不能再这样下去了！"大约 150 年前人类就已经开始对自然环境的恶化感到忧心。长期以来，人类在全球范围内开采地下资源、砍伐森林、肆无忌惮地猎杀动物。 现在世界上很多地区都面临着被摧毁或过度开发的危险，许多动植物物种濒临灭绝，有的则已经灭绝了。 于是，人们决定将个别区域改为自然保护区，还在那里建立了第一批国家公园。 虽然人们可以进入那里，但必须格外注意自然环境的保护，遵守自然法则。当然就算人类不在自然保护区里也应该这样做。

采挖泥炭时发生了什么？

沼泽地的土壤总是潮湿的。 泥炭是土壤的组成部分，它是数千年前未被分解的植物遗骸形成的沉积物。 泥炭之前就被作为燃料和建筑材料供人使用。 即使在今天，由于具有促进某些植物生长的作用，泥炭会被添加在植物的花土中。

泥炭的开采造成许多地形地貌发生变化，沼泽环境受到破坏。 而环境变化所释放的这些气体和汽车产生的有害气体是一样的，即二氧化碳（CO_2）。 好在如今，人们逐渐地使用不掺加泥炭的种植土了。

"嘿，滑雪者！不要踩到我的床！"

在冬天，动物必须尽量减少它们的能量消耗，因为此时它们能找到的食物很少，它们只能依靠夏天的食物储备来维持生命。比如岩雷鸟有时会在少雪的地方刨挖种子和浆果，或者躲进自己挖好的雪洞里避寒。如果滑雪者或徒步者离这个洞穴太近的话，岩雷鸟会在受到惊吓后迅速逃跑。这种压力会使它们在短时间内消耗许多能量，有的岩雷鸟甚至会精疲力竭而死。这种情况也会发生在其他动物身上，比如羚羊。

护林员是像警察叔叔一样的存在吗？

护林员尼克这样看待这个问题："护林员更像一个调解员而不是监管者。我们会带领参观者发现保护区的与众不同之处。当人们了解了这里的动植物之后，就会越发想要守护好这里的一切。"

自然保护区的动物和植物

白腰杓鹬

我住在非常潮湿的地方，靠近湖泊和沼泽。我那长长的喙是啄食昆虫和蠕虫的便利工具。我们家族大多生活在欧洲北部和东部。

天蓝麦氏草

夏季时我开的花是蓝色的，更确切地说是蓝紫色的。而我的其他部分则是绿色的，到了冬天我又会变成淡黄色。我的茎可以长到 1 米高，从前人们用的笤帚都是用我的茎绑成的。你会在土壤总是保持湿润的地方和我相遇，比如高沼地。

凤头麦鸡

我头顶的纤长羽毛尤其引人注目，不过你可能从未见过我吧，因为我多半是匆匆路过，很少停留。对于我们凤头麦鸡家族来说，找到合适的地方繁衍后代是一件很困难的事情。由于很多湿地已经干涸了，我们不得不逐渐接受在田地里孵化后代。

水薄荷

我是薄荷的亲戚，但我闻起来没那么刺鼻。我曾被中世纪的牧师和巫师当作草药给人治病。你可以通过球状的紫色花朵找到我。

极北蜓

我是一只华丽的蜻蜓，翼展可达 10 厘米长。
有时我会把自己挂在树干上，顺便晒个日光浴。
我会把卵戳进泥炭藓里。我的幼虫需要两三年的
时间才可以羽化为成虫。我最喜欢的食物之一是
蚊子，想必大家对我的这个喜好一定很满意吧。

齿缘红门兰

身为兰花家族中的一员，我还有一个名字叫小丑帽子。生长的土壤
越潮湿，我的花色就会变得越深。早年间我莫名其妙地拥有了一种特
殊的功效，那便是当一个父亲想要生个儿子的时候，他们认为吃我的根
就会实现这一愿望——而我也因此获得了"小儿草"这个古怪的名字。
需要提醒大家的是：我是一种保护植物，在任何地方都不允许采摘。

大草鸟（牧女珍眼蝶）

人们也许是因为我跳跃的舞姿才将我命名为鸟
的。但我分明属于鳞翅目家族，更准确地说，我
是一只蝴蝶。我喜欢吃的植物的名字也很特别，
例如蛇虎杖或紫色珍珠菜。可惜我很少会出现在
人们面前，所以想见我就只能靠你的运气咯。

茅膏菜（毛毡苔）

我的名字并没有泄露出我是食肉植物这个秘密。
我的叶毛上像露珠一样的分泌物具有一定的黏性。
如果有苍蝇或其他昆虫落入了这个陷阱，我就会将
叶子卷起并慢慢地将这些猎物消化掉。（茅膏菜的分
泌物在阳光下闪闪发光，像露珠一样，因而又被称
为"阳光露珠"）

托比亚斯的选木料诀窍

当我购买用于做手工的木料时，我会检查上面是否有 FSC 的标志。我认为大家应该尽可能地选择本地木材，而不是那些来自热带森林的木材。因为那种木材运输路程比较远，我们没法确保它们的来源地。另外，大家还一定要注意用来处理或涂抹木材的油料和清漆。我父母买家具的时候，总是确保厂家使用的是亚麻籽油、蜂蜡或天然树脂这类无毒害物质。

FSC 是做什么的

FSC 全称为"Forest Stewardship Council"，指"森林管理委员会"。该组织于二十多年前在加拿大成立，致力于实施生态友好的森林管理。带有 FSC 认证标志的木材随处可见——小至木料、木块，大至船只。许多纸和纸盒产品上也带有 FSC 标签。

捍卫自然的女战士

蕾切尔·卡森（1907-1964）

1962 年，一本书的面世轰动了全世界，它就是具有非凡价值的《寂静的春天》。美国生物学家和科学记者蕾切尔·卡森在这本书中阐述了杀虫剂的作用。多年以来，为了消灭侵害谷物和其他作物的害虫以及传播疟疾等疾病的昆虫，美国和其他国家一直在大规模地喷洒化学农药。但是卡森发现，像 DDT 这类有毒药剂也会杀死蜜蜂、鸟类和其他动物，对人类也存在致癌的可能性。反观害虫本身，却会在较短时间内对喷洒的药剂产生免疫力。虽然早在 20 世纪 70 年代杀虫剂 DDT 和其他有毒药剂已经在许多国家被禁止使用，但今天仍然有一些国家在使用。

庄稼、粮食和食物

"这儿生长的一定是燕麦吧。"刚刚喂完马的西蒙妮说，她是马匹爱好者。一行五人看着刚收割完的胡茬一样的大地，都在猜这里种植的是什么庄稼。令人印象深刻的是，格鲁比在地里找到了一截麦穗，确定这里种的是小麦。而他知道的可不止这些："你们知道吗，其实我们吃的都是草。"他对大家面面相觑的反应感到满意，"所有谷物都是甜草，"他继续说道，"包括那里生长的玉米。"

"格鲁比，你快说，你是不是农民？"蒂姆惊讶地问。"是啊，但我是农民里更灵光的那个！"格鲁比咧嘴笑了 ——"那你肯定也知道世界上种了多少粮食吧？"托比亚斯问了一个具有挑战性的问题，但这个问题的答案格鲁比还真不知道。"我们可以在西蒙妮的平板电脑上搜索一下。"卡特琳说。

当格鲁比和蒂姆在网上寻找正确答案时，托比亚斯说他饿了。他最想吃的是卷饼，那是一种装满肉和蔬菜的面卷。"这很有趣，"格鲁比说，"世界各地的人们提出了类似的想法。卷饼、玉米饼、春卷或蛋卷都是按相同的模式制作的。但是根据所处大洲的

28

不同，所用的面粉也不同。

然后西蒙妮兴奋地喊道："想象一下，当今全世界每年种植的粮食（小麦、玉米、水稻等）大约有 25 亿吨！"

"来吧孩子们，我们把这个数字换算成公斤，"卡特琳说，"然后再除以地球上的人口数量，也就是除以大约 75 亿。"大家很快就算出了结果，"每年每人大约可以生产 330 公斤的粮食，"西蒙妮宣布。托比亚斯惊讶地质疑道，"一个人不可能吃这么多啊！"

"但是为什么还会有孩子在挨饿呢？"蒂姆问道。格鲁比再次指着玉米田说："那是饲料玉米，也就是动物的食物。我在书里读到过，在种植的玉米中有三分之一以上是用来喂养动物的。"谈论食物让每个人都觉得有点儿饿了。但当卡特琳想给蒂姆一个苹果时，她才意识到把装水果的袋子忘在家里了，但愿附近的农场会有果蔬店。

它们是哪种农作物?

我们都吃草

在植物学上,所有谷物都属于禾本植物。只有荞麦例外,它属于蓼科。在俄罗斯,磨碎的荞麦被用来制作布林饼;而在法国,小麦粉被用来制作非常薄的可丽饼。

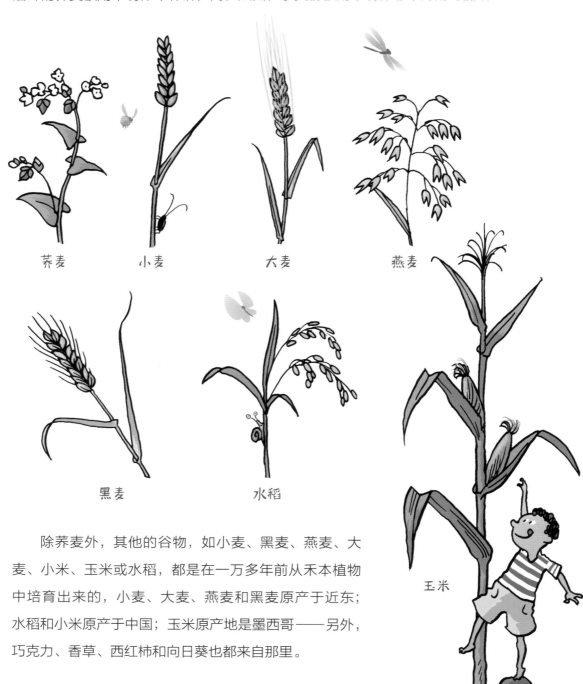

荞麦　　　　小麦　　　　　大麦　　　　　燕麦

黑麦　　　　　水稻

玉米

除荞麦外,其他的谷物,如小麦、黑麦、燕麦、大麦、小米、玉米或水稻,都是在一万多年前从禾本植物中培育出来的,小麦、大麦、燕麦和黑麦原产于近东;水稻和小米原产于中国;玉米原产地是墨西哥——另外,巧克力、香草、西红柿和向日葵也都来自那里。

连线题：这些饼用的是哪种面粉？来自哪个国家？

　　在这里你可以看到，由不同的面粉制成的四种饼，这些饼同样来自四个不同的国家。

　　1. 为每种饼找到正确的面粉，请与第二排对应的原材料连线。

　　2. 找出饼的正确原产地，并将第二排的原材料与对应的原产地连线。

玉米饼　　　　　春卷　　　　　可丽饼　　　　　布林饼

荞麦粉　　　　　小麦粉　　　　　玉米粉　　　　　大米粉

俄罗斯　　　　　法国　　　　　墨西哥　　　　　中国

答案：

布林饼——荞麦粉——俄罗斯

可丽饼——小麦粉——法　国

春　卷——大米粉——中　国

玉米饼——玉米粉——墨西哥

肉类中看不见的谷物

托比亚斯很确定，没有人能在一天里吃下 1 公斤的谷物。事实也的确如此。但生产肉类仍然需要谷物。因为供给肉类的动物会吃掉大量饲料，其中就包括玉米和大豆。

平均而言，每个人在其一生中会吃掉大约 1000 只动物——鱼和海鲜除外。这需要大量的食物和水。比如，生产 1 卡路里的牛肉就需要消耗 7 到 10 卡路里的植物热量。

如果人们愿意更多食用谷物，而不是将谷物用于饲养牲畜的话，那么将会有更多的人免受饥饿之苦。

为什么人们会挨饿?

根据联合国世界粮食计划署发布的 2020 年《全球粮食危机报告》中的数据显示,因为疫情冲击,2020 年全世界每天有 8.21 亿人在挨饿,有 2.5 亿人遭受严重饥饿,世界饥荒人口数额巨大。

除新冠疫情之外,造成饥荒的原因还有很多:战争、自然灾害或者虫害对庄稼造成的损害;一些农民可能因为欠债被剥夺土地;在可以种粮食的耕地上种植动物饲料或生物燃料;贫穷导致人们没有钱购买食物或者食物无法送达人们手里。

一个有远见的人

亚历山大·冯·洪堡(1769-1859)

德国博物学家亚历山大·冯·洪堡可能更愿意将自己称为一个生态学家。他对人类、动物和植物如何适应环境,如何相互影响和相互依赖的奥秘进行了研究。早在大约 200 年前,他就认识到:"同一片土地,如果用作草场,种植牲畜饲料的话,将有 10 个人能靠这片草场供养的牲畜维生;而如果在这片土地上耕种小米、豌豆、扁豆和大麦的话,供养的人数则可达百人。"

亚历山大·冯·洪堡学习了各种自然科学知识,从母亲那里继承了可观的遗产后,他便辞去了工作,同植物学家埃梅·邦普兰开始了穿越南美的冒险之旅。他们在这片土地上跋涉了 5 年。旅行结束后,他带回了在旅途中记录和收集的大量笔记、图画和材料,这些资料是如此浩繁,以至于在接下来 30 年的时间里,他一直在埋头整理撰写著作。他的旅行巨著共有三十五卷。世界各地无数的城镇、山脉、水域、植物、动物、学校和街道都是以亚历山大·冯·洪堡命名的。

生活在世界上的一切生物都息息相关,必须和谐相处。

这个学说叫作生态学

动手做一做

自制秸秆彩串

所需材料:

    1 包天然秸秆吸管

    1 团白色或彩色的丝光纱线

    1 根尖头针

制作方法:

    将吸管剪成三段。在每个吸管中间穿孔,用丝光纱线将它们串起来。注意每两段吸管之间需要留有约 1 厘米的空间。

    如果想把彩串挂在门上的话,长度应为 100 至 110 厘米。将彩串两端打好结后,就可以请一个成年人将它挂起来了。根据门框的尺寸,用胶带或两个小钉子来固定,秸秆彩串就大功告成了。

    其他方法:将秸秆剪成不同的长度,按照自己的想法将它们串起来。你也可以通过这样排列秸秆来制造一种波浪效果:短的,中长的,长的,中长的,短的,以此类推。

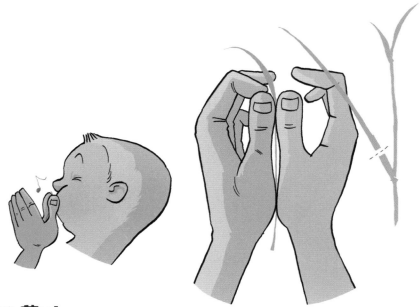

呼啸的草叶

　　用两根大拇指紧紧夹住一片草茎，从开口处吹气。只要稍加练习，就会发出相当响亮的声音。如果它不再出声了，那就再选一个新的乐器。

星星和皇冠

　　你知道每个苹果里面都藏着一颗星星吗？如果你在苹果最厚的地方横向切开它，你就会看到那个星形的果核。想要把星星苹果分成很多份的话，你可以用尖刀小心地把它切成锯齿状。一起来分享这个惊喜吧！

农场的一次邂逅

"这里有菠萝吗？"蒂姆问道。一行人来到了卡纳霍夫的商店。农民的妻子玛拉笑着说："我们只卖我们自己种的果蔬。可惜我们的农家院里没有菠萝和香蕉。""这个有趣的东西是什么啊？"托比亚斯看着一种长相奇怪的果子疑惑地问道。"这是星苹果。它算是苹果家族中最古老的一种了。虽然吃起来没什么特别的，但看着很漂亮，比如可以用它来装饰圣诞树。"

"这种苹果更好吃。"她指着一箱名为"Chestnut"的黄红色小苹果。这个单词在英语里指的是栗子，事实上它们也的确比栗子大不了多少。

孩子们的注意力很快就被外面的农家院吸引了。除了星苹果，他们肯定会发现其他更有趣的东西。卡特琳和格鲁比让玛拉帮忙介绍他们觉得新奇的水果和蔬菜，他们购买了苹果、梨、香肠和自制的草莓酱。

药草

洋姜

胡萝卜

土豆

葵花籽油

苹果醋

葡萄干

榛子

　　突然，他们听到外面传来一声尖叫。只见西蒙妮跑过院子，后面跟着一只灰白色的小山羊。

　　幸运的是，农场主的女儿朱莉娅引开了山羊并成功地抓住了它。这只胆大妄为的小山羊被拴起来了。"我就是觉得它长得太漂亮了，所以想摸摸它，"西蒙妮上气不接下气地说。

　　"它也是因为觉得你漂亮才追着你跑的，"朱莉娅调侃道。

　　接下来，朱莉娅开始带领小游客们参观农场，她自豪地向他们展示她的宝贝们：大胡子鸡，垂耳羊，一篮子出生刚刚几天的小猫和七头活泼的羊毛猪。"羊毛猪属于非常健壮的品种，"朱莉娅的解释十分专业，"它们要求不高，喜欢散步，而且肉的味道也非常好。"

"肉？"蒂姆问道，"它们之后会被屠宰吗？"

"这里是农场，不是动物园，"朱莉娅回答说，"因此我们也是会卖肉的。"

"看看这个庞然大物，"格鲁比指着一台巨大的收割机说。他们从农民那儿了解到，附近的一些农场会共享农业机械，有时他们也会雇用司机来驾驶这些租来的农业机械。

西蒙妮、蒂姆和托比亚斯都希望接下来的日子能在农场里度过。但格鲁比用野餐将他们再次吸引到了徒步旅行的小路上。

与特别客人的野餐

"多么美丽的野餐地点，"格鲁比感叹道，"我们就在这里野餐吧。""看，这里甚至还有一个壁炉，"蒂姆高兴地说，"我们可以在那里烤香肠！""我还以为你不想再吃肉了呢，因为你觉得动物太可爱了，"西蒙妮取笑他。蒂姆看起来很疑惑，说："哦，对，香肠也是用肉做的。"大家都笑了。卡特琳说："这些香肠来自卡纳霍夫。所以我们知道动物们在那里的生活都很好。"格鲁比想生火，只是风总是吹灭他的火柴！

托比亚斯在卡特琳的背包里发现了一包饼干，但西蒙妮在他正准备打开它的时候，从他手中把饼干抢走了，西蒙妮喊道："你不能在餐前吃甜点！这会让你更胖的！"托比亚斯想把饼干拿回来，但西蒙妮匆忙跑开了。卡特琳看到后立刻批评了他们。

"对不起，托比亚斯，"西蒙妮说，"实在抱歉，可是这包饼干原本就是谁都不能吃的，因为它过期了。""哦，

原来是这样！"卡特琳感叹道，"但这并不意味着它们已经变质了。"

这时蒂姆和格鲁比带着烤香肠过来了。每个人都急切地扑向它。卡特琳把她带来的沙拉递给大家。蒂姆正要开口咬他的香肠，这时一只黄蜂落在了香肠上，第二只黄蜂也飞了过来。蒂姆吓得尖叫着跳了起来。格鲁比喊道："嘿！保持冷静！你难道想要被蜇吗？！"

"要是世界上不存在昆虫这类东西就好了，"蒂姆抱怨道，"那就不会有这么多水果和蔬菜，我们也没有足够的食物可以吃了，"卡特琳说。"快看，快看！"托比亚斯叫道，"黄蜂抱着一块香肠飞走了！"的确如此，这些黄蜂在切下一小块香肠之后，就将它运走了。大家都看得目瞪口呆。

收拾行李时，他们把野餐的垃圾也带上了。托比亚斯一边用瓶中剩下的水灭火一边小声地嘀咕着："等到了下一口井，我们再将空瓶子装满水。"

注意膳食平衡，控制含糖食物

这个食物金字塔会告诉你哪些食物应该多吃、哪些应该少吃。

糖类：偶尔

脂肪：每日少量

肉类、鱼类、牛奶、奶酪：每日足量

意大利面、米饭、全麦面包：根据胃口，每日适量

水果、浆果、蔬菜、沙拉：可每日多食

水、茶：每日尽可能多次地饮用

糖分侦察员

卡特琳提到了一个十分甜蜜的游戏：寻找糖帮成员。一起来玩儿吧！这个游戏只需要你聪明的头脑和锐利的眼睛——必要时也可以使用放大镜。游戏的活动范围是厨房，准确来说，是冰箱和食品柜。侦察员需要在甜饮料、番茄酱、酸奶、巧克力、饼干、能量棒、麦片和各种零食的包装上寻找隐藏的糖分。一条重要线索：糖类信息大多出现在包装袋背面的小字里。

友情提示：对于糖帮成员来说，理想的藏身之处就是各种深加工食品。其中包括罐装或瓶装的酱汁和汤、比萨以及冰柜里现成的菜肴。

甜味剂

糖，无论是白糖还是红糖，无论是从甜菜还是甘蔗里提取的糖，都被认为是不健康的。它不含维生素或营养物质，只含有无营养的热量。更糟糕的是，它会使你上瘾，渴望摄入更多的糖分。

其他的甜味剂如蜂蜜、秋梨膏或全蔗糖也是热量炸弹，但它们也含有宝贵的维生素和矿物质。

减少浪费行为！

令人难以置信的事实：在瑞士，人们将三分之一的食物扔进了垃圾桶。这意味着每人每天浪费的食物量超过了 300 克。与此同时，世界上有数以亿计的人在挨饿。

这是一种极度的浪费！成千上万的动物被白白喂养和宰杀，大量的能源被浪费在食品的生产、包装、运输、储存和冷藏上。

谁扔掉了什么？

——有些水果和蔬菜甚至都无法进入商店。早在农场时，品相不佳的它们就会由于瘀伤或歪扭的身形被分拣出来。只因消费者更偏爱无瑕疵的产品。

——许多人每周会购物一次，并在冰箱里储备食物。当发现食品过了包装上给出的有效期时，他们会直接将其扔掉。这无疑造成了更大的浪费。

——在餐馆和食堂的菜量往往太大。出于健康考虑，客人没有吃完的饭菜不会被继续食用。这意味着盘中的食物最终会被扔进垃圾桶。

——在家里，我们经常丢弃切好的食物或剩饭剩菜，其实我们完全可以根据经验，下次只做适量的食物，以减少浪费。

你能做到这一点吗？

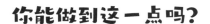

——弯曲的黄瓜不会让你有一个弯曲的鼻子，有点儿干瘪的苹果也不会让你的皮肤干瘪。

——有关最佳赏味日期和保质期的问题：如果一包饼干上写的**最佳赏味期：2022/04/23**，那在这个日期之后你仍然可以享用这包饼干，并且不会有肚子疼的风险。只是有时候它们可能没有之前那么好吃了。而如果一包肉末的包装上写着：**保质期：2022/11/4**，那你最好遵守这个时间，因为它是易腐食品。

——变质的肉、香肠或鱼会发臭并改变颜色，千万不要去吃它们。

——对于水果、果酱或酸奶，你可以直观地看到和闻到它们是否腐烂或发霉。

——"眼睛大肚子小"的情况经常发生。这意味着你在餐盘里盛了过多的食物。请每次少盛点儿。如果还是觉得饿的话，你可以再取一份来吃。

动手做一做

格鲁比自制奶酪面包

所需材料:

150—200 克吃剩的面包，例如面包篮里剩下的面包

30 克硬奶酪

150 毫升牛奶

1 个鸡蛋

胡椒粉，少量盐

另外准备：一些韭菜或 1 片薰衣草叶子

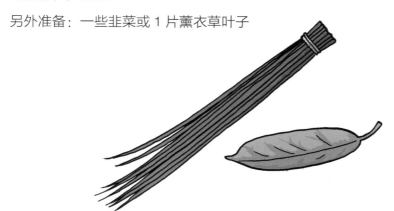

制作过程:

——将鸡蛋和牛奶搅拌均匀。

——将奶酪研成碎末,并加入到蛋液中混合。

——在蛋液中加入切碎的韭菜或薰衣草。 再添加适量的盐和胡椒粉。

——除去面包稍硬的表皮,将剩下的部分切成方块。

——将蛋液倒在面包块上,使蛋液完全覆盖面包。 蛋液不够的话,可以再加一点儿牛奶。

——把面包块翻面,直到它们完全吸收蛋液。

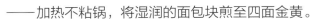

——加热不粘锅,将湿润的面包块煎至四面金黄。

——蘸着番茄酱吃,味道很好!

与昆虫和平共处

格鲁比与大黄蜂和小蜜蜂打交道的秘诀

不要伤害它们：从某种程度上来说，所有生物都是有用的。这就是为什么我们应该努力与它们和平共处。

保持冷静：千万不要通过拍打、吹打或扑打的方式驱赶蜜蜂和黄蜂。这会让它们感到自己受到了攻击，从而奋起保护自己。它们的反击就是——蜇人！

避免香味：蜜蜂只有在感受到威胁时才会蜇人。蜇人之后，它们会因为失去了蜂刺而死亡。一些香水、防晒霜和其他身体护理产品的香味也被它们认为是一种威胁。

遮盖食物：昆虫会被摆放在外面的食物所吸引。如果你把一些好吃的放在离它们不远的地方，就会将它们吸引过来。此时应立即遮盖食物或将它们再次封装。

用明火驱赶：烟雾可以驱赶昆虫。因此在明火附近，你可以免受它们的影响。

喝水时要小心：你的杯子或瓶子里是否有昆虫在游动？有了吸管，你就可以确保没有马蜂会进入你的嘴里了。

吃饭时要小心：不要张口就咬！或许你的果酱上会有一只蜜蜂，而他的甜瓜上会有一只黄蜂。

记得擦嘴：如果你的嘴周围涂有冰激凌或糖浆的话，昆虫会觉得你特别有魅力。

赤脚走路时要小心：在果树下，掉落的水果会吸引特别多的黄蜂，还有一些昆虫在地面上筑巢。

昆虫作家

让－亨利·法布尔（1823-1915）

没有人能够像让-亨利·法布尔那样生动有趣地描述昆虫，他是法国南部的一名贫穷的乡村教师。他没有发明任何东西，只是对蜘蛛、黄蜂、蜜蜂和甲虫进行了多年的耐心观察。与科学家不同的是，他没有在实验室里研究死去的动物，而是选择融入动物的生活之中。他的文章通俗易懂，同时又极为精准正确，是经得起科学推敲的。1912年，让-亨利·法布尔甚至被提名为诺贝尔文学奖的候选人，就连那些自认为不喜欢昆虫的人也被他的描述所打动。

例如他对切叶蜜蜂的一段描写：

"切叶蜜蜂是剪叶片的好手，它们肚子下面长着黑色、白色或火红色的短毛。当离开蓟草时，它们会寻找附近的灌木并从其叶子上剪下椭圆形的叶片，再将这个叶片卷成一个圆锥形的口袋带走，到了巢穴里，它们会封住口袋的一端，并在里面装满蜂蜜，还会在里面产下一颗卵。"

90 多万只昆虫中的 9 种

授粉者

蜜蜂和野蜂

在收集花粉和花蜜的同时，我们也充当了传粉者
的角色。没有我们，就没有这么多的鲜花、水果和蔬
菜了。

熊蜂

我采蜜和授粉的工作量甚至是蜜蜂的两倍，即使在凉
爽和下雨的时候，我也会继续工作。只是我们熊蜂群中
的个体数量远远少于蜜蜂群体中的个体数量，因此蜜蜂集
体行动时会表现得更好。

蚜虫猎手

瓢虫

我们在世界范围内大约有 1000 种品种。其中最受农民和园
丁欢迎的，是那些每天能消灭大约 150 只蚜虫的兄弟。

蠼螋

那个我爬到人类的耳朵里的故事只是一
个童话。真实的情况是，我喜欢在夜间捕食
蚜虫，而且非常能吃。

食蚜蝇

我与黄蜂类似的装束只是迷惑敌人的一个小把戏。实
际上，我是苍蝇的一种，最喜欢吃的食物是蚜虫。我还有
一个技能：可以在空中停留一段时间，保持静止状态。

美人

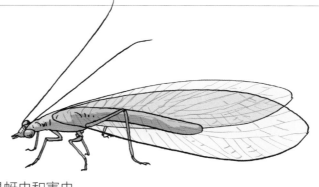

草蛉

我周身呈浅绿色，有金色的眼睛和透明的翅膀，看上去非常精致美丽，我以水和蜜汁为食，但在幼虫阶段，我很健壮也很贪吃，我最爱吃的是蚜虫和害虫。

金凤蝶

我的毛毛虫喜欢吃胡萝卜、茴香和莳萝草。现在的我已经不需要太多的食物了。在空中翩翩起舞的我总是会吸引着众人的目光。毕竟我是本地最大的蝴蝶。

挖土工

埋葬虫

我的责任是清除地面上的老鼠、鸟类和其他动物的尸体。我会使出浑身解数将它们运到地下，并在那儿对它们做进一步的处理。

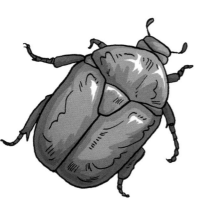

花金龟

我的绿金色外壳看起来像一颗宝石。还是毛毛虫时的我没有那么漂亮，人们甚至总把我和不受欢迎的蛴螬（金龟子幼虫）弄混。要知道我可是会帮忙将腐坏的植物堆积成肥料的好虫子哦。

保护河流生态系统

格鲁比和朋友们野餐后就继续上路了，虽然肚子撑得满满的，但背包倒是轻了不少。可是托比亚斯不想再徒步了，蒂姆满脑子想的都是城堡，于是他们很快又在一条河边停了下来。格鲁比将背包里拿出的空瓶子装满水后，对西蒙妮说："我们比赛啊，看谁先把水倒空？"他随即喊道："一，二，一就是三！"格鲁比早就把瓶子里的水倒光了，西蒙妮输了比赛，十分生气。

她恼火地一下子将塑料瓶扔进了河里。"你在做什么？"突然有人用沙哑的声音喊道。一行人完全没注意到这位陌生人的到来。"塑料不属于河流！"来人大声地说。

格鲁比不假思索地跳进水里去捞漂浮着的瓶子。蒂姆和托比亚斯看到也兴高采烈地跟着跳下水。

来人的名字叫布隆奇利，她就住在附近。 她问孩子们："你们知道塑料对于海洋来说是多么麻烦的一个问题吗？""但我们现在也不在海边啊。"西蒙妮反驳道。"你想想，这条河流最终会流向哪里呢？"

"自然是入海！"西蒙妮忽然明白了过来，她说："我竟然从来没想过这个问题。"

这时候，布隆奇利看向河对岸，她问孩子们有没有注意到对岸的河乌。他们之中还没有人见过河乌，布隆奇利把她的望远镜借给他们。"它穿了一件白衬衫！"当西蒙妮看到这只鸟时，兴奋地喊道。孩子们都急着想拿望远镜看鸟。布隆奇利则开始给他们讲河乌水性极好的原因。

"我们是在海边吧！"突然一声大喊，就见蒂姆拿着一个大贝壳跑了过来。"这是一个河蚌，"布隆奇利说，"它已经被人类重新安置到这里，因为它只能在非常干净的水中生存。也就是说，能发现贝壳的地方不止有大海和沙滩。"

巨型沙堆

"猜猜看，我们每个人一生中会使用多少沙子？"卡特琳很想听到答案。"我在什么地方读到过，大约是 400 到 500 吨，"格鲁比回忆说。"没错，"卡特琳说，"全世界都在大批量使用沙子，尤其是用于建造房屋和修路。不过我们的沙堡一粒沙子都不用，否则大海会很快把它们冲走的。"一听到沙堡这个词，蒂姆又着急地催促大家赶路了，他说什么都要看到纳格夫鲁赫城堡。

水的重要作用

全都是水还是别的什么？

我们的地球也被称为"蓝色星球"，因为地球表面的四分之三都被水所覆盖，但其中只有约 3% 是淡水，其他 97% 则是海水。如果你喝过一口海水就会知道它的味道有多"咸"了。海水不适合烹饪，因为每升海水中含有约 30 克的盐，比意大利面条汤里所含的盐分还要多三倍。如果你只饮用海水的话是会渴死的，这是因为喝进海水时摄入的盐分会将你身体中所有细胞内的液体吸收掉，使身体内部干燥缺水。

试一试下面这个实验：将 1 匙水放在一个小盘子里，加入半匙的盐。会发生什么呢？

大海没有出口

"但盐是如何进入大海的呢？"你可能会感到疑惑。溪流和江河中的水也含有少量的盐。一旦进入大海，这些水就无处可去，只能被蒸发掉。由于海面上的太阳光极其强烈，蒸发的水量十分巨大，但盐分则会被留存下来。因此，在数百万年的时间里，大海中积累了相当数量的盐。

地球上的 75 亿人别无选择，只能用 3% 的淡水来满足自己和动植物的需要，并担负起照顾动植物的责任。

你是很水润的

　　虽然从外表看不出来，但你确实是由 65% 到 70% 的水所构成的。 与西红柿相比，这个比例是相当少的，因为西红柿的含水量约为 95%。 但它仍然被含水量 98% 的水母赶超了！

水

无法被任何东西取代。

河乌："我有一副'潜水镜'"

　　我可以自如地在水中捕食昆虫、幼虫和小型甲壳类动物。潜水之前，我会闭上耳朵和鼻孔，还会滑出一层透明的皮肤来保护眼睛，而且这层皮并不会对我的视力造成影响。我用强有力的双腿在河床上行走，用我的翅膀划水。因为我的骨头比其他鸟类重，所以水的浮力不会那么轻而易举地将我浮起来。我可以在水下停留 5 分钟之久。

　　我在我的羽衣上涂了很多油，它由此拥有了很强的防水性。同时我丰满的羽翼还具有良好的防寒功能。你发现了吗，我可以在湿滑的河石上跳来跳去还不会滑倒？这是我脚趾上的长爪子在起作用。很显然，我周全的装备完全适应于水里及水边的生活。

塑料进入海水中的危害

　　海洋中漂浮着数百万吨的塑料、空包装、人字拖、玩具等垃圾。其中将有一部分出现在海滩和港口，而另一部分则会在公海上的巨大漩涡中漂流。在这一过程中，塑料如同被放入了碾磨机中被磨成细小的微粒。

　　鱼类、鲸鱼和海鸟会因误食一些塑料碎屑而死亡。比如，北海鸥的胃里平均有 32 块塑料碎屑。那些微小的塑料颗粒也会通过食物进入我们的身体，比如通过我们吃的海鱼。

　　塑料不仅不能食用，而且危害极大。我们真的要继续这样下去吗？或者说，我们什么时候才能不再使用塑料制品？

一位早期海洋保护主义者

雅克－伊夫·库斯托（1910－1997）

雅克-伊夫·库斯托在小学时因为身体虚弱，一度不被允许去学游泳。但是在 1947 年，这位法国人还是以 91.5 米的成绩创造了自由潜水（一种在不携带氧气瓶等辅助水下呼吸设备情况下潜入深海的潜水方式）的世界纪录。库斯托是 20 世纪最著名的海洋探险家之一，并且他拍摄了一百多部有关海洋的电影。在一个特别建造的潜水器中，他和他的团队对无光的海底世界进行了激动人心的拍摄。随着电视系列片《海洋的秘密》的播出，戴着红色毛线帽的库斯托和他的海上考察船"卡里普索号"变得家喻户晓。后来，库斯托提醒人们要重视日益严重的海洋污染，他还对法国在太平洋上进行核武器试验提出了抗议。

格鲁比的节水提示：

——尽量不在浴缸中泡澡。

——洗澡或刷牙时关上水龙头。

——正确关闭水龙头。滴水的水龙头也会浪费大量的水。

——衣服如果不脏，也没有被汗浸湿，可以多穿几次。将它们晒一下就可以了。

——不要用流水洗碗。

——冲洗厕所时，请按下节水按钮。

——不要把垃圾或食物残渣扔进厕所，这样会让人们更难回收利用。

它们由沙子建造

    建造房屋和修建道路都需要大量的沙子，这是毋庸置疑的。 要知道建造一座中等规模的房屋需要约 200 吨沙子，而铺建一公里的公路则需要多达 3 万吨的沙子。 此外玻璃也是由沙子制成的。 其实我们日常使用的许多东西中都会掺加沙子，比如，清洁产品、化妆品、牙膏，还有电脑、手机和信用卡中的微型芯片，这些芯片对于电子产品来说至关重要。

    世界各地的沙子正在慢慢变得稀少。 沙石的大量开采已经破坏了许多海滩。 由于本地沙石不适合生产水泥和混凝土，所以连身为沙漠之城的迪拜也不得不从澳大利亚进口沙子来完成大型土木工程的建造。

空瓶技巧

    格鲁比将两个同样大小的瓶子装满水。 他把其中一个放在西蒙妮的手里，说："我数到三！ 咱们比赛，看谁先把水倒光。 我打赌先倒完的一定是我。"西蒙妮直接把她的瓶子倒了过来，而格鲁比则快速做了一个划圈的动作。 只见水在它的瓶子里形成了一个漩涡后就迅速流光了。

    你要不要赶紧试一下呢？ 最好不要在客厅的地毯上，而是在浴缸上方或户外做这个小实验。 祝你玩得愉快哦！

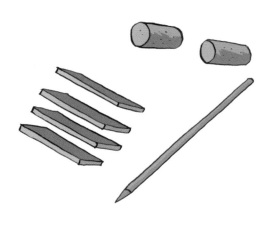

动手做一做

自制水车

所需材料：

1 个木制立方体，5 x 5 厘米

4 根板条，高 5 厘米，长约 25 厘米（比如水果箱上的木板）

1 根圆木，长 20—30 厘米，直径 5 毫米

2 个瓶塞

20 个钉子

2 个小枝杈

木材黏合胶

榔头

手钻

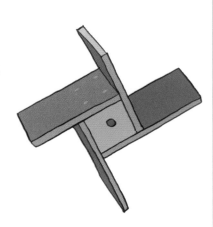

制作过程：

1. 请一个成年人帮你在木制立方体中央钻一个用来放圆木的洞。

2. 把木头从洞中穿过，使立方体正好在中间。用胶水将它们固定住。

3. 在立方体没有穿孔的四个面上粘上木板，将它们钉牢。

4. 等胶水干了以后，把两个树杈分开钉在河床上，分杈口朝上。（间距略低于圆木的长度）

5. 在圆木的两端各套一个软木塞，把你的水车挂在两根树杈上。水车的翼需要伸入水中足够深的地方才能被水推动。

水车开始转动了……

谜语： 什么东西有胳膊却没有手，会走路却没有脚？

谜底：河流

从前有片茂密的森林

经过第二个弯道，它终于出现在了眼前：傲然挺立的纳格夫鲁赫城堡——或者说是城堡的遗迹。几个世纪以来，有许多石头从那里滚落下来，无数城墙轰然倒塌。但这并不妨碍三个孩子对它的喜爱。他们奔跑着冲进古堡里，蒂姆首先闯入，欢呼雀跃。

"来呀，我们躲起来吧！"托比亚斯对其他

人说，"然后格鲁比和卡特琳就该来找我们了。"蒂姆和西蒙妮也兴奋地加入进来。西蒙妮说："我想先去趟卫生间！但我觉得这里可能没有。"

突然间传来一声巨响，电光石火间，一名骑士站在了他们面前。

他们三人吓得脸色发白。托比亚斯"啊——"地大叫一声，跌坐在地上，好在他在踉跄中抓住了一根荆棘保持平衡。这名骑士看着西蒙妮问道："您是在寻找修道院吗，我高贵的女士？""不是，我找的是卫生间。"西蒙妮羞涩地低声回答道，但她很喜欢这种高雅的称呼。骑士显然还没有理解她的意思，蒂姆帮着解释："她指的是盥洗室。""哦，恐怕它和城堡的主楼一起坍塌了。"骑士给出了答案。托比亚斯鼓起勇气问："你是谁，你在这里干什么？""你不知道我是谁？！"这个身穿盔甲的骑士忽然愤愤不平，"这里的每个孩子都认识我！我是纳格夫鲁赫的波多骑士，753年来我一直在寻找我失去的荣誉！"

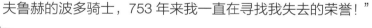

"不过这里一直被保存得很好，"西蒙妮说。波多骑士突然大声质问："冒昧问一下，请问您来我的内室里做什么？"

城堡专家蒂姆了解情况，他对其他人说："这个地方是壁炉室。"

"哦！这里就是你晚上守护女主人的壁炉啊！"西蒙妮一边感叹一边四处张望。它看起来并没有那么舒适。"你是从哪里弄到这些木材的？"托比亚斯向骑士打听。于是，波多骑士说起了他那个时代覆盖在城堡下面平原上茂密的、一望无际的森林。如今森林早已无迹可寻，树木被一棵棵地砍伐，因为人们需要用木材来搭建房屋、取暖和烧火烹饪。要知道那个时候还没有电和煤气。西蒙妮想到了家里可以舒舒服服洗热水澡的漂亮浴室，很好奇那时候的人是怎么洗澡的。

这时托比亚斯用责备的语气问道："你们没有再多栽种一些新的树木吗？"这个问题让这位来自中世纪的骑士一头雾水，"到处都是森林！为什么还要植树啊？"他反问道。

"咔嚓"，这时大家听到灌木丛传来的断裂声，只见格鲁比从灌木丛里钻出来，卡特琳紧随其后。"格鲁比·冯·布劳恩费尔斯？"波多骑士一边喊一边气势汹汹地挡在了格鲁比面前。"我非常尊敬的纳格夫鲁赫大人，"格鲁比说，"现代人已经不再决斗了。"

眨眼间，骑士消失了，所有人都很诧异。西蒙妮说，"你叫他'尊敬的大人'。可能他感觉找到了失去的荣誉，可以安息了。"

"也许他是突然害怕了，不想和格鲁比决斗，"蒂姆想。卡特琳喊道："我们得走了，我们的火车半小时后就要开了！"

在回家的路上，他们不是谈论波多骑士，就是在想象当年城堡里的生活。西蒙妮很高兴她不必住在四面漏风的城堡废墟里瑟瑟发抖。蒂姆自然有不同的看法。托比亚斯仍然为被砍伐的树木愤愤不平："骑士竟然不明白为什么要植树造林。"

"那时，伐木过程很慢，他们甚至不会注意到森林的消失，"格鲁比说，"不幸的是，如果动用现代机器，森林就消失得更快。"

"不过，这么做会对环境和气候造成不好的影响，"托比亚斯几番思索后觉得"中世纪的人们根本没有考虑过他们的后代"——"我们也一样，"格鲁比说，"我们又何曾为我们的后代考虑过？"就这样，他们展开了一场热烈的讨论。你对此有什么看法？

如何创造良好的气候环境

森林和天气

　　没有水，就没有植物；没有食物，就没有生命。但是树木与此有什么关系呢？很简单：树木会带来降雨。它们的根部从地下汲取水分，并将其引向树冠，在那里通过叶子将水分蒸发。水汽积聚成云，云再以雨的形式将水释放回地面。

　　在没有多少树木的地方，形成的云层较少，下雨的次数也要少得多。田地枯萎，颗粒无收。干旱是造成饥荒的原因之一。

　　顺便说一下，根系是树木看不见的部分，一些树木的根与可见的枝干一样大，有些甚至更大。根部与它们无数纤细的分支像一只只伸出去的手，牢牢地抓住了土壤。而当树木消失后，斜坡开始滑落，泥土被水冲走，洪水就会随之发生。

森林——开垦、种植、保护

大约五千年以前，欧洲的大部分地区覆盖着茂密的原始森林。当人类在这里定居后，他们开始了对森林的开发。他们不断地砍伐森林，以便开辟牧场和田地，并用木材来建造房屋和船只，甚至取暖和烹饪也需要木材。到了波多骑士的时代，也就是七百多年前，这片土地看起来更像是一张打了补丁的被子，但仍有大片森林地区存在。但在随后的几个世纪里，随着人口增加，森林不断减少。人们只在极少的情况下才会植树，比如种植可以在几个世纪后用于造船的橡树。

忽然有一天，人们意识到他们必须要去保护最后的原始森林了。 他们种植了能够快速生长的同一品种的树木，以供日常使用。 这倒是让以该树种为食的甲虫特别欢喜。森林管理是一门很复杂的科学，人们还在不断学习。好消息是，和几十年前相比，我们拥有的森林又慢慢变多了。

自然
保护区

检查用电设备

如今我们很少用木材取暖和做饭了，最重要的能源供应来自电力。格鲁比想知道他家里有多少台灯、机器和电器是需要用电工作的。于是，他巡视了家里的四面墙，爬到沙发下面，移动家具，并在厨房的橱柜里寻找电器，结果让他惊呆了。

猜猜你的房子里有多少电器？12 个？20 个？我打赌，肯定超过 30 个！在所有房间里都找一找，数数有哪些电器是用电的。从吹风机到电视机，从手动搅拌机到吸尘器，从闹钟到洗衣机……别忘记天花板上的灯、厨房里的组合灯或床头柜上的灯。而且，不要被这些小玩意儿们给骗了：即使你眼前的手机或剃须刀上没有垂下电线，但这些设备仍然需要在插座上充电。此外，电池供电的设备，如收音机或手电筒，也会消耗能源。

一些设备还会欺骗我们，让我们以为它们在睡觉，没有消耗任何电力。比如打印机、电视机和电脑即使是在待机模式下，也会持续耗电。虽然只是一点儿电量，但最好还是把它们完全关掉的好。

灰色能源?

"能源有颜色吗?"格鲁比第一次听到"灰色能源"这个词时,感到很奇怪。现在他知道了,灰色能源指的是用于生产、运输和销毁货物时消耗的电力或燃料。

货物和废物的销毁被称为

废料处理

我们总是用这个词构想美好的世界,以为我们已经摆脱了所有的忧虑,但事实并非如此。

以下是格鲁比减少能源消耗的方法：

——当他离开房间时，他会关闭灯、收音机、电脑和电视机。在晚上，他会将所有设备完全关闭。

——他尽量减少购买新手机或新电脑的次数。他在屏幕上阅读文本，减少打印文件的次数。

——他只在洗衣机和洗碗机完全装满时才使用它们。

——他用保温壶保温茶水，而不是在炉子上加热。

——他只用烤箱做蛋糕或烤饼；用平底锅加热剩菜。

——他只在热的食物或饮料冷却后才将其放入冰箱或冰柜。

——他几乎不买通过飞机或卡车长途运输的产品，并尽可能减少使用包装材料和塑料袋。

纸张也会吞噬能源

"如果每个人都在电脑上工作，那我们就不再需要纸张了。"几十年前人们就这样想了，但无纸化办公还没有成为现实。相反，由于文件和电子邮件都需要打印出来，所使用的纸张越来越多。大多数纸张是由木材制成的，为此人们不断地砍伐森林。所以，最好的解决办法就是回收废纸，变废为新。

纸张、玻璃或金属等材料的回收利用被称为

再循环利用

快速保暖

　　保暖护腕主要是在天冷的时候穿戴。如果每个人都戴上保暖护腕，就可以节省大约 7% 的供暖费用。

　　然后你把房间里的暖气温度调低，把温度至少降低 2℃。在夏季和秋季之间，当天气转凉时，不需要马上打开暖气。一件毛衣或开衫通常就足够保暖了。

自己织护腕

　　你需要毛线和一套 3 号半的织针。在 3 × 12 针的基础上，向左织 1 针，再向右织 1 针。你可以继续这样织下去，或者也可以在织了大约 2 厘米后，直接平着织右边。当你的护腕织到所需的长度时，再加一个 2 厘米的封边。编织收口，再织第二条护腕，缝上线头——你的护腕就完成了！

用旧长袜制作一个护腕

　　长袜子的脚趾和脚跟处容易先被磨破。如果你把最喜欢的长袜弄破了，只要把脚面的部分剪掉，就会拥有两个不错的护腕了。

绕道精品店

在回家的路上，卡特琳发现了一家童装店，橱窗里的 T 恤衫很好看。"它们很适合蒂姆和托比亚斯。"她说。"哦不！我们现在不想试穿衣服。"两个孩子抱怨道。

"我很想去！"西蒙妮说。于是，格鲁比和男孩们在外面等着。

在服装里，西蒙妮立即奔向一个图案鲜艳的 T 恤货架。
"看呐！"她感叹道，"这些衣服是品牌的！而且一点儿都不
贵！"卡特琳让售货员帮她找一下橱窗里的一件样衣。"为什
么它们比彩色的还要贵呀？"她瞥了一眼价签后问道。"这些
是高质量的有机棉制作的，质量很好。"售货员解释说。

"但这并不是知名的品牌啊。"西蒙妮指出。

"蒂姆和托比亚斯倒不在乎品牌，"卡特琳说，"我倒是
更喜欢购买在安全生产环境下用优质材料制成的衣服。"她
为托比亚斯选了一件绿色条纹 T 恤，为蒂姆选了一件蓝色
条纹 T 恤。"我明天也让我妈妈带
我来这里买，"西蒙妮一边说着，
一边把她非常喜欢的那件 T 恤
放回货架。在商店门口，一
个非同寻常的惊喜在等待着
她们。

　　一辆超长的汽车慢慢驶过，格鲁比指着它激动地叫道：
"蒂姆！快看呐！这就是西蒙妮所说的需要很多汽油的那种加
长型豪华轿车！"蒂姆看得眼睛都直了。西蒙妮兴奋地说：
"希望有一天我也能开着这样的车去兜风。"

　　"真是典型的女孩子，"托比亚斯笑着说，回过神来的蒂
姆坦白道："我也想试试。"

　　"今天可不行咯，"格鲁比眨着眼睛说，"我们现在该送西
蒙妮回家了！"

我的T恤从何而来？

良好的质量，正当的生产

卡特琳更喜欢购买有机棉制成的衣服。有机棉指的是在种植棉花以及生产织物的过程中没有使用任何有害有毒物质，这不仅保护了环境，也保障了在田间和工厂工作的工人的健康。有机生产的织物对我们的皮肤也更安全健康。

"我每天缝制 1000 件夹克衫"

我叫拉希，今年 16 岁，来自孟加拉国的一个小村庄。孟加拉国是一个亚洲的国家，位于印度以东。我是七个兄弟姐妹中的老大，已经在首都达卡的一家工厂工作了三年，工厂生产衬衫和夹克衫。我们大约有 500 名女裁缝，在一个楼层里，一台缝纫机紧挨着另一台缝纫机。这里十分嘈杂炎热，尘土飞扬。我的工作时间很长：通常我要工作 12 个小时，有时要工作 16 个小时。我们每天只能上两次厕所，主管人员不允许我们去更多的次数。我每天最多可以缝制 1000 件夹克衫，这样我会得到 930 塔卡，大约相当于 74 元人民币。我把一部分钱寄给家人，帮我兄弟支付他们的学费。我希望明年能赚得更多，但更重要的是，我希望我们的工厂不会发生火灾，在其他工厂曾发生过火灾，我们村的两个女孩因此丧生。

拉希和她的同事们缝制的衣服有时在欧洲以十分低廉的价格售出，希望拉希及所有工人都应该在人道主义环境中工作并获得公平的工资。然而这种情况直到今日仍然难以做到。

格鲁比问自己

真的要有必要经常买新衣服吗？我的格子裤已经穿很久了，可我还是很喜欢它！

有污渍，怎么办？

桃子汁滴到衣服上了吗？清洗的时候洗不掉污渍怎么办？没问题，从污渍的形状中获得灵感吧，用纺织颜料画一只狗、一朵花、一个鬼脸……

补丁很时髦

衣服在荆棘丛中被钩住了，或者衣服磨破了，怎么办？破洞并不是扔掉一件衣服的理由。用全然不同的布料在上面缝一个彩色的补丁，或者贴一块图案特别的贴布。这是打造个人时尚造型的好时机。

一件 T 恤的旅程

　　你好，我是你的新 T 恤。我从很远的地方来到你的衣柜里：我用的棉花是在乌兹别克斯坦的田里长出来的①，在土耳其纺成棉线②，在遥远的中国织成棉布③，我鲜艳的色彩来自波兰制造的纺织染料④，但我是在法国被印染的⑤。为了缝制在一起，我不得不前往印度⑥。我和其他许多 T 恤衫又从印度出发来到德国，最后一起到达瑞士⑦。

你的母亲是在一家服装店里买到我的。也许明年你就不喜欢我了，或者我对你来说太小了。然后我将被塞进一个袋子里，去参加衣物捐赠活动。最后，我可能会抵达非洲的一个市场，被一个女人买给她的女儿。她将会穿着我，一直到我破了很多洞。最终，我可能会成为一块抹布。

在西蒙妮家吃晚餐

西蒙妮的父母特蕾莎和罗尔夫在家中招待格鲁比和朋友们。罗尔夫是一名建筑师，他亲自设计了家里的房子。这幢房子是一座所谓的"绿色节能建筑"，这意味着它在供暖和烧水方面使用的能源非常少。这给卡特琳留下了深刻的印象，但她觉得这幢房子对于一个三口之家来说有点儿大。

"我们还养了一只猫和两只天竺鼠。"西蒙妮说道。罗尔夫解释说："我们将把楼上的房间作为一个独立的公寓出租。""那是柚木家具吗？"托比亚斯指着一组座椅问道。"是的，"罗尔夫确认说，"它们是从我父母那儿继承来的。那时，他们还不知道不该买柚木。我们认为使用旧的柚木家具比买新的更好。毕竟，生产家具会再次消耗能源。"

晚餐时，格鲁比、卡特琳和孩子们讲述了他们的经历。西蒙妮的父母听得特别认真，只是他们不大相信关于骑士的故事。这时托比亚斯举起盘子说："我可以再来一点儿吗？""是要加蔬菜吗？"特蕾莎惊讶地问。"这道炖菜一直很好吃，尽管里面没有任何肉。""主要是味道很好。"格鲁比说着也跟着盛了一勺。

格鲁比一回到家，就走到了阳台上。他没有开灯，以免吸引任何昆虫。"月光如此明亮，我需要一盏灯做什么呢？"格鲁比对自己说。重温这美好一天的经历让他感到很高兴。他抬头看着月亮说："总有一天我会飞向你，但现在我想为地球工作，毕竟我答应过它的。"

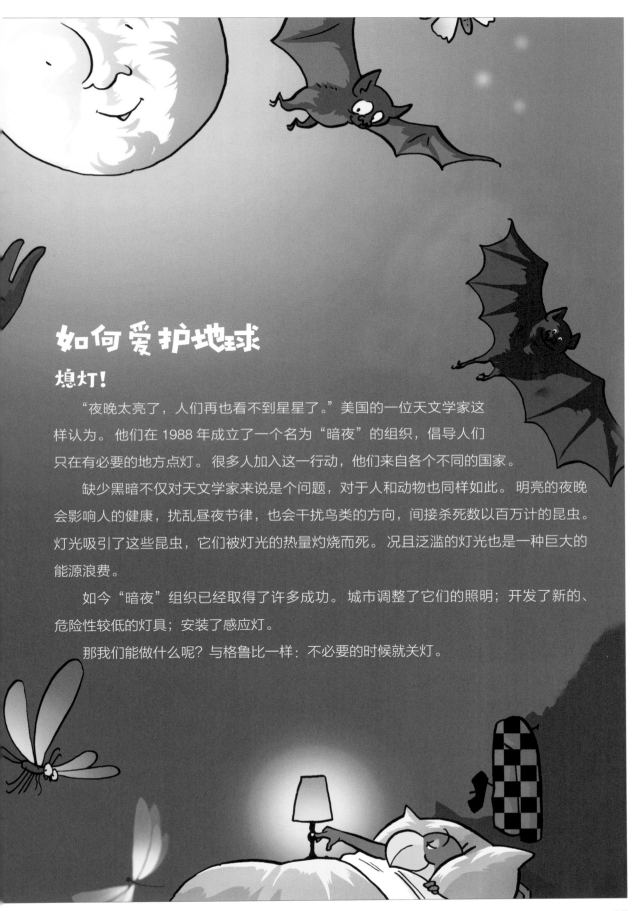

如何爱护地球

熄灯！

"夜晚太亮了，人们再也看不到星星了。"美国的一位天文学家这样认为。他们在 1988 年成立了一个名为"暗夜"的组织，倡导人们只在有必要的地方点灯。很多人加入这一行动，他们来自各个不同的国家。

缺少黑暗不仅对天文学家来说是个问题，对于人和动物也同样如此。明亮的夜晚会影响人的健康，扰乱昼夜节律，也会干扰鸟类的方向，间接杀死数以百万计的昆虫。灯光吸引了这些昆虫，它们被灯光的热量灼烧而死。况且泛滥的灯光也是一种巨大的能源浪费。

如今"暗夜"组织已经取得了许多成功。城市调整了它们的照明；开发了新的、危险性较低的灯具；安装了感应灯。

那我们能做什么呢？与格鲁比一样：不必要的时候就关灯。

追踪大自然的奇迹

大卫·爱登堡爵士（1926 年生）

"只有当人们了解自然时，他们才会保护动物和植物。"大卫·爱登堡在 60 多年前告诉自己。从那时起，他致力于向人们展示我们这个世界的独特性。他去最偏远的地方旅行，带回了打动人心的故事。在这些作品中，他讲述了出生、爱情、生存竞争以及死亡。只不过，这些作品的主角不是人类，而是动物和植物。多年来，大卫·爱登堡与 BBC 的制作团队一起，实地探索过地球上已知的各种生态环境，并拍摄了大量的纪录片。数以亿计的人在电视上看过他拍摄的纪录片。因为爱登堡的巨大功绩，英国女王伊丽莎白二世授予了他荣誉称号，从那时起他被封为爵士，也被世人誉为"世界自然纪录片之父"。

试验成功！

格鲁比向地球承诺，他将在未来好好地呵护它。 在与小伙伴们一起出游的过程中，他已经在试着践行这一承诺了。 他高兴地回顾了这振奋人心的一天：我们做到了！ 最重要的是，这些做法不仅容易，甚至还很有趣。 毋庸置疑，不只是现在，未来格鲁比也会以有利于保护地球的方式行事。

你呢？

格鲁比的哪些建议和想法是你现在就想尝试的？

名词解释

公正 公平合理。

公平贸易 意味着公平的交易。促进公平贸易的组织确保种植或生产公平贸易产品的人获得恰当的工资，同时保证他们不会在有害健康的条件下工作。

回收 意思是"回归循环"，这里指的是对玻璃、纸张、金属、纺织品和许多其他材料进行回收，再利用。

灰色能源 是指制造、运输、储存、销售和处置产品过程中消耗的能源量。例如，一台洗衣机，在到达盥洗间放入第一件待洗衣物之前，就已经消耗了大量的灰色能源。

环境 这是指生物所处的环境和它所依赖的环境。一种鱼类的生活环境是指它的原生水体以及它们捕食的地方。现今大多数人的环境是整个世界，因为他们消费的产品来自世界各地。

节能房屋 是可持续建筑的标签。在这种节能房屋中，供暖和热水装置要尽可能使用最少的能源。例如，为此使用太阳能集热器。或者，锅炉房产生的热量不只是简单地传导到外面，而是在热泵的帮助下用于制备热水。

可持续性 是指一种可以长久维持的过程或状态。对地球能源及其资源进行可持续管理的原则是在 300 多年前奠定的。它的内容是：消耗程度不超过生态可以重新生长或更新的限度。

汽车共享 人们可以凭个人意愿进行汽车的共享，例如在邻居之间，或在一个组织的帮助下共享同一辆车，以便节约能源，并有助于减少个人开支。

塑料 塑料是一种高分子化合物，很多日常生活用品都是塑料制成的。所有塑料的原材料都是石油。

认证 .认证意味着一种极大程度的"确保"。经过认证的产品经过测试，满足了所有要求，就会获得了一份合格证明——证书。例如，它可以是一个苹果上的有机标签，用来确认这个苹果是按照有机准则来生产的。

生物多样性 是指生物物种的多样性，以及某一特定物种内部的多样性。例如：在动物界，有哺乳动物、鸟类、两栖动物、爬行动物和鱼类等脊椎动物，以及无脊椎动物。

生态学 是德国生物学家恩斯特·海克尔于 1866 年定义的一个概念：生态学是研究有机体与其周围环境（包括非生物环境和生物环境）相互关系的科学。这个概念已经发展为"研究生物与其环境之间的相互关系的科学"。

生态足迹 每个人每一天都在为食物、衣服、工作、交通和休闲消费原材料和能源。然而，地球上仅有定量的资源可供使用。生态足迹会显示谁使用了多少资源。在全球范围内，我们的消耗量比可用量多了 50%。瑞士的消耗量甚至是可用量的四倍还多，而巴西等国的消耗量还不到可用量的三分之一。

食品成分 一些食品包装上会注明其主要成分。通常会列出有关食物中蛋白质、碳水化合物、脂肪、膳食纤维和矿物质的比例。

有机（Bio） 是希腊语，意味着生命。"Bio"在多国语言中表示"有机"，常作为有机标签出现在各国市场，指在没有化学添加剂或基因工程的情况下生产的食品或其他产品。

有机农业 是指在生产中完全或基本不用人工合成的肥料、农药、生长调节剂而采用有机肥满足作物营养需求的种植业，或采用有机饲料满足畜禽营养需求的养殖业。

格鲁比（Globi）的意思是

我的世界就是你的世界，就是我们的世界。